LECTURES MANUSCRITES

SUR LES PREMIERS ÉLÉMENTS

DE L'AGRICULTURE

LECTURES MANUSCRITES

SUR LES PREMIERS ÉLÉMENTS

DE L'AGRICULTURE

avec

QUESTIONNAIRES

Par MM.

A. PINET

Officier de l'Instruction publique, Inspecteur de l'Enseignement primaire, délégué près de l'Administration centrale

ET

NAUDET

Officier d'Académie, Maître-adjoint à l'École normale de la Mayenne.

PARIS

LIBRAIRIE CLASSIQUE DE PAUL DUPONT

45, Rue de Grenelle-Saint-Honoré

—

1863

PRÉFACE DE L'ÉDITEUR

Ce petit livre, destiné à la lecture des *manuscrits* dans les écoles primaires, se recommande d'abord par une grande variété des écritures et par la graduation fort bien entendue des difficultés.

Mais ce qui en fait la plus grande utilité, et ce qui devra lui assigner une place avantageuse parmi les livres servant à l'enseignement élémentaire, c'est la nature des sujets qui y sont traités. Tous ces sujets, empruntés à la science agricole, forment un *petit cours pratique d'agriculture* éminemment propre à concourir à l'éducation des enfants de la campagne, et à ini tier ceux des écoles urbaines à des connaissances qui sont intéressantes pour tout le monde et que personne ne devrait ignorer.

Les premiers puiseront dans ces lectures des notions appropriées à leur future profession, et dont ils auront à faire un jour l'application ; ils y trouveront expliqués, dans un langage simple et à leur portée, les faits et les choses qui frappent leurs yeux dans tous les instants ; ils les remarqueront avec d'autant plus de plaisir et d'intérêt; leurs goûts et leurs aptitudes seront ainsi maintenus et dirigés dans la même voie où leurs familles les ont précédés, et où le bien-être leur sera plus facile à conquérir que dans l'existence agitée et souvent incertaine des grandes villes.

Envisagées à ce point de vue, les lectures agricoles ne sauraient être trop recommandées dans les écoles rurales ; ce livre de lectures manuscrites sera donc, nous l'espérons, unanimement apprécié, et ne pourra trouver auprès des autorités scolaires et des instituteurs qu'un accueil favorable.

Minuscules de Cursive.

a b c d e f g h i

j k l m n o p q r

r s t u v x y z z

Majuscules.

A B C D E F

G H I J K L

M N O P Q R

S T U V W X

Y Z Z.

Minuscules de Ronde.

a b c d e f g h i j k l m n o p q

r s t u v x y z, &. &.

Majuscules de Ronde.

A A B B C D

E E F G H I J

K L M N O P

Q Q R R S T U

V W X Y Z Z.

Minuscules de Bâtarde.

abcdefghijklmnopqr

stuvxyz, etc, &.

Majuscules de Bâtarde.

A B B C D D E

E F G H H I J

K L M N O P

Q R R S T U

V W X Y Z Z.

Minuscules de Gothique.

abcdefghijklmnopqrst

uvwxyz, &ª.

Majuscules de Gothique.

ABCDEFGH

IKLMNOPQ

RSTUVWXYZ

Du Sol.

Le Sol est la partie de la terre susceptible d'être cultivée. La portion du sol qui est retournée par les instruments aratoires, s'appelle croûte ou couche arable.

Plus le sol est profond, plus la terre est productive.

Les terres présentent dans leurs parties constitutives des variétés infinies, mais quand on les examine attentivement, on reconnait qu'elles ne renferment généralement que quatre substances principales: le sable, l'argile, le calcaire, le terreau ou humus.

La nature et les propriétés du sol varient selon les proportions dans lesquelles ces substances se trouvent mélangées. Lorsque l'un de ces principes constituants fait complètement défaut ou existe en quantité insuffisante, le cultivateur doit s'efforcer de l'y introduire.

La meilleure terre cultivable est celle dans laquelle les quatre substances constituantes sont mélangées en proportions convenables. Le plus ou moins de fertilité du sol dépend du mélange qui a été fait, soit par la nature, soit par la main de l'homme, des substances qui le composent.

Le Sable est composé de grains plus ou moins fins. Il ne fait jamais pâte, quelque humide qu'il soit; il n'absorbe pas l'humidité de l'air; l'eau le traverse facilement et s'évapore avec rapidité. Il s'échauffe aisément et retient la chaleur.

L'Argile absorbe facilement l'eau et la laisse difficilement s'évaporer; exposée à la chaleur elle devient dure, se contracte et se fend; par la gelée, elle se crevasse et se délite ; elle absorbe l'humidité de l'air ; elle happe à la langue, c'est à dire, qu'elle s'y attache fortement ; elle a une odeur particulière qui se fait remarquer d'une manière plus sensible après une pluie d'orage. Elle se présente sous diverses couleurs : noire, grise, brune, rouge selon la quantité d'oxyde de fer qu'elle renferme.

Le Calcaire est très répandu dans la nature. Il fait effervescence avec un acide, le vinaigre, par exemple ; il forme avec l'eau une pâte molle et se réduit en poudre par la sécheresse.

L'Humus sert d'aliment à la végétation. C'est une substance produite par la décomposition des matières animales ou végétales. Sa couleur est brune ou noirâtre. L'Humus absorbe l'humidité de l'air avec avidité ; il s'échauffe facilement, mais perd aussi promptement sa chaleur.

Plus le sol contient d'humus, plus il est productif.

Questionnaire.

Qu'appelle-t-on Sol ? — Qu'est-ce que la croûte arable ? — Quelles sont les parties constituantes ou constitutives des terres ? De quoi dépendent la nature et les propriétés du Sol ? — Quelle est la meilleure terre cultivable ? — Quels sont les caractères du sable ? De l'argile ? — Du calcaire ? — De l'humus ?

Dénominations du Sol.

Les sols sont désignés par les noms des principes qui y dominent.

On les divise généralement en trois catégories, savoir :

Sols siliceux,
Sols argileux,
Sols calcaires.

Les sols siliceux sont ceux dans lesquels le sable domine ;

Les sols argileux sont ceux qui renferment l'argile en plus grande quantité ;

Les sols calcaires sont ceux dans lesquels la chaux existe en plus forte proportion.

Si l'on veut indiquer la proportion relative des divers éléments qui constituent une terre, on place au 1er rang le nom de la substance la plus abondante, et en dernier le nom de celle qui s'y trouve en plus petite quantité. Ainsi une terre argileuse calcaire est celle qui est composée d'argile et de calcaire, mais dans laquelle l'argile domine ; une terre siliceuse argileuse est celle qui renferme plus de silice ou sable que d'argile ; une terre calcaire argileuse est celle qui contient plus de calcaire que d'argile.

Les terres argileuses qui forment avec l'eau une boue tenace sont aussi appelées terres fortes.

Les terres où le sable domine et qui offrent peu de consistance, terres légères.

Les terres où domine la chaux et le sable, terres brûlantes ; beaucoup de cultures ne peuvent y réussir.

Les terres purement calcaires, comme celles de la Champagne pouilleuse sont stériles dans leur état naturel.

Les terres tourbeuses contiennent peu de substances minérales et beaucoup de débris végétaux. Elles renferment, en outre, un principe acide qui nuit à leur culture et empêche la végétation.

Mais quelle que soit la composition du

sol, rappelons nous ces vieux proverbes :

« Il n'y a pas de mauvaises terres, il n'y a que de mauvais cultivateurs. »

« Tant vaut l'homme, tant vaut la terre. »

Questionnaire.

En combien de catégories principales les sols sont-ils divisés ? les nommer. — De quoi dépend le plus ou moins de fertilité d'un sol ? — Comment détermine-t-on le nom des terrains ? — Qu'est-ce qu'un sol argileux-calcaire ? — Calcaire argileux siliceux-calcaire, etc ? — Comment appelle-t-on encore les terres argileuses ? — Quel est le caractère de ces terres ? — Qu'appelle-t-on terres brûlantes ? Quels sont leurs caractères ? — Qu'appelle-t-on terres légères ? — Qu'est-ce que les terres tourbeuses ? Quels sont les caractères de la terre calcaire ? — Qu'est-ce que le terreau ?

Détermination des substances

On comprend de quelle importance il est pour l'agriculteur de connaître en quelles proportions se trouvent mélangés les principes constitutifs de son terrain.

A défaut d'une analyse complète, qui serait une opération assez difficile et coûteuse, voici un à peu près suffisant :

Quelques poignées de terre sont prises en différents points, on les mélange bien et on les sèche.

Une vingtaine de grammes sont exposés sur une pelle que l'on fait rougir. Les matières organiques brûlent, on pèse le reste ; la différence donne le poids de ces matières.

On jette le reste dans un verre et on verse dessus du fort vinaigre. Le calcaire se dissout.

On verse l'eau, et le reste bien séché est pesé de nouveau. La différence donne le poids du calcaire.

Ce reste est de nouveau délayé dans un verre d'eau, sans mélange d'acide. On verse l'eau trouble dans un autre vase.

Le sable tombe au fond du premier verre et l'argile au fond du second. Séchez, pesez et vous connaîtrez à peu de chose près la composition de votre sol.

Questionnaire.

Comment parvient-on à connaître la composition du sol ? — Comment peut-on, du moins approximativement, analyser un sol ?

Sous-sol.

La couche placée immédiatement au-dessous de la couche cultivable porte le nom de Sous-sol.

Bien que, ordinairement, le sous-sol ne soit pas entamé par la charrue, il exerce une grande influence sur les cultures, selon qu'il est perméable ou imperméable.

Quand le sous-sol est d'une bonne nature, il faut, en l'entamant petit à petit, augmenter l'épaisseur de la couche cultivable.

Les sols profonds sont toujours les meilleurs; ils conviennent à toutes les cultures.

Lorsque le sous-sol est composé de sable, il laisse facilement passer l'eau.

Quand, au contraire, il est formé d'argile, il la retient fortement.

Le premier est favorable aux terres de nature humide, le second à celles qui se dessèchent promptement.

Il est donc très-important de reconnaître la nature du sous-sol, soit au moyen de fossés, soit au moyen de rigoles pratiquées exprès.

Questionnaire.

Qu'appelle-t-on sous-sol ? — Qu'est-ce qu'un sous-sol perméable ? — Imperméable ? — Quelle influence exerce la nature du sous-sol sur la culture ? — Comment peut-on reconnaître la nature du sous-sol ?

Amendements

Nous avons dit plus haut qu'un ou plusieurs des principes nécessaires pour constituer un bon sol arable pouvaient manquer. On doit donc chercher à rendre ce sol meilleur, ou ce qui revient au même, à l'amender.

Dans une terre trop forte, trop argileuse, mettons du sable, nous l'amenderons.

Dans une terre trop sableuse, mettons de la glaise, nous l'amenderons.

Dans une terre dépourvue de calcaire, mettons de la poussière de chaux, nous l'amenderons.

C'est par la poussière de chaux que le département de la Mayenne a acquis depuis vingt cinq ans un degré de fertilité qui a doublé la valeur de ses terres.

Tâchons enfin de nous rapprocher le plus possible de la constitution des sols qui sont regardés comme excellents.

La simple analyse décrite précédemment suffira pour nous renseigner sur ce point.

Engrais.

Amender peut se définir ainsi : préparer le sol à recevoir l'engrais. L'engrais, c'est la nourriture, c'est la vie ; c'est pour les plantes ce que le pain et la viande sont pour l'homme. Le cultivateur qui engraisse sa terre redonne à la terre les aliments qu'ont enlevés les précédentes cultures et dont l'absence amènerait la stérilité.

Nous nous vantons de vivre dans un siècle de progrès, et pourtant que de richesses perdues ! que de trésors abandonnés, gaspillés ! Qu'on les appelle urines, vidanges, gadoues, qu'importe le nom ? Ce n'en sont pas moins des trésors pour l'homme intelligent qui sait en profiter

N'est-il pas déplorable de voir dans les cours de tant de fermes des tas de fumier exposés à l'air pendant des mois entiers, laissant échapper dans l'atmosphère les gaz précieux qu'on pourrait facilement retenir, laissant couler au loin et sans profit le purin fertilisant et les sels solubles entraînés par les eaux pluviales ?

Que dire encore de la perte des excréments humains, dont les villes pourraient enrichir les campagnes voisines ?

Quand on songe qu'avec un kilogramme d'urine on peut gagner un kilogramme de froment, on gémit de ne pas voir les habitants des campagnes rechercher avec empressement les moyens d'employer ces résidus, qui pourraient doubler et même tripler la fécondité du sol.

Dans tous les temps et dans tous les pays, la prospérité de l'agriculture a été proportionnée à l'importance attachée aux engrais.

En Chine, les lois du pays défendent de perdre les excréments humains.

En Flandre, l'avidité qu'on met à s'emparer des moindres déjections dispense l'Administration des soins et des dépenses qu'occasionne chez nous l'assainissement de la voie publique.

Et dans ces contrées, l'agriculture accomplit des merveilles.

Les plantes puisent dans le sol les sucs nécessaires à leur développement.

Chaque récolte enlève donc au terrain une certaine quantité de principes nutritifs.

C'est au moyen des engrais que ces pertes sont réparées.

On distingue deux sortes d'engrais les engrais végétaux et les engrais animaux.

Engrais végétaux.

Les engrais végétaux s'obtiennent de récoltes enfouies en vert. On doit employer pour cet usage les plantes qui croissent vite et dont la graine a le moins de valeur telles que le Sarrasin le Colza, le seigle, le trèfle.

On enterre les plantes quand elles sont en pleine fleur.

En semant du colza sur une terre infestée de turcs ou vers blancs, et en enterrant la récolte quand les plantes ont atteint 30 cent. de hauteur, on donne à la terre un très bon engrais végétal, et de plus on fait périr les vers blancs qui ne peuvent supporter le contact des feuilles de colza décomposées.

Mais les végétaux enfouis en vert ne pourraient pas suffire seuls à l'engraissement continuel du sol, il faut y ajouter des matières animalisées.

Ces matières sont solides ou liquides.

Questionnaire.

Qu'est-ce qu'amender une terre ? — Comment peut-on amender un sol argileux ? Un sol siliceux ? — Un sol calcaire ? — Qu'appelle-t-on engrais ? — Combien y a-t-il de sortes d'engrais ? — Qu'appelle-t-on engrais végétaux ? Quelles sont les plantes principales qu'on peut employer pour cet usage ? — A quel moment enterre-t-on les plantes ?

Des Fumiers.

Le meilleur fumier est celui qui, par la nature des éléments qui le composent, réunit tous les principes fécondants nécessaires aux cultures ordinaires.

Il se compose de litière imprégnée d'excréments liquides et solides des animaux.

La litière, paille ou feuilles, préserve le corps des animaux du contact du sol, mais son principal rôle est d'absorber l'urine ; la litière, une fois imprégnée, est retirée et mise en tas :

C'est le fumier frais. Doit-on employer le fumier frais ? Cette théorie assez généralement admise aujourd'hui, est cependant combattue par d'habiles praticiens.

En employant des fumiers frais, disent-ils, la décomposition des matières animales s'opère beaucoup plus rapidement que celle des matières végétales, l'effet sur les plantes est trop actif.

En attendant, au contraire, une première fermentation c'est à dire à peu près six semaines en été, et trois mois, en hiver, la décomposition de la litière marche parallèlement à celle des substances animales, et si l'effet est plus lent, il est beaucoup plus certain.

Mais la litière n'absorbe pas toutes les urines; aujourd'hui encore et c'est une des plaies de l'agriculture, presque partout les urines non absorbées s'écoulent dans les cours qu'elles infectent et vont se perdre dans les ruisseaux et dans les mares dont elles corrompent l'eau.

Ces urines non absorbées par la litière, il faut, au moyen de rigoles, les conduire dans des fosses creusées exprès et qu'on appelle fosses à purin. On y jette de temps en temps une petite quantité de sulfate de fer ou couperose verte, substance d'un prix très minime, afin d'enlever au purin sa mauvaise odeur et de fixer l'ammoniaque.

Voulez-vous les preuves de la vertu de la couperose? Si cela ne vous répugne pas trop, introduisez dans un pot une certaine quantité d'excréments humains, versez dessus un verre d'eau dans lequel vous aurez fait fondre quelques grammes de couperose, et vous verrez que l'odeur disparaîtra comme par enchantement.

Le jus est alors employé de deux manières: ou on le verse à l'aide de seaux sur les tas de fumier, ou bien, le mélangeant avec quatre fois son volume d'eau, on le transporte dans des barriques sur les prés. Cette opération doit se faire principalement au commencement du printemps. Les barriques sont percées de petits trous vers le bas, et l'urine s'échappe peu à peu pendant que la charrette parcourt le terrain dans tous les sens. Vous ne vous faites pas idée de l'effet que cela produit sur les récoltes de froment; les trèfles, les luzernes et les prairies ordinaires s'en trouvent également très bien.

Et cela se comprend:

L'urine de vache vaut trois fois le fumier d'étable;

Celle du cheval douze fois;

Celle des moutons quinze fois;

Celle de l'homme vingt fois.

Presque tous, vous possédez un jardin attenant à la ferme. Essayez sur une planche ou deux; les plus belles objections du monde ne tiennent pas contre l'expérience; essayez et vous verrez.

Généralement les excréments des animaux herbivores sont rangés dans l'ordre suivant, en ayant égard à leur énergie:

Fiente de mouton,

Crottin de cheval,

Bouze de bœuf,

Fiente de porc.

Le fumier de mouton est le plus substantiel de tous les

fumiers; il est surtout propre aux terrains argileux et froids, et préférable à tous les autres pour la navette et le colza. Ce fumier est souvent appliqué à la terre d'une manière directe au moyen du parcage. On estime qu'un mouton pendant une nuit peut fumer un mètre carré

Le fumier de cheval est très énergique et plus chaud que celui des bêtes à cornes, si on l'enfouit à l'état frais. Mais si on le laisse fermenter au contact de l'air et en tas, il donne un engrais inférieur à celui des étables. Cela tient à ce que les excréments du cheval, généralement plus secs, s'échauffent rapidement lorsqu'ils sont mis en tas, se dessèchent et perdent une portion considérable de leurs principes nutritifs.

Il convient aux sols argileux, humides; mais dans les sols sablonneux et calcaires, il est moins avantageux que le fumier des bêtes à cornes.

Le fumier des bêtes à cornes est moins prompt à fermenter que les deux premiers; mais s'il agit plus lentement, il agit d'une manière plus continue, plus égale, et si les récoltes qu'il donne sont moins belles, elles sont en revanche plus prolongées.

En France, le fumier de porc est placé au dernier rang; en Angleterre, on le regarde comme supérieur aux autres.

Cette différence tient, sans doute, à ce que chez nos voisins, les porcs sont nourris et soignés tout autrement que chez nous.

Il ne faut pas perdre de vue que la qualité de la nourriture influe d'une manière toute particulière sur la qualité des engrais.

Ainsi, les animaux nourris avec des fourrages secs donnent des urines plus riches en sels que les animaux nourris avec des herbes fraîches. Une charretée de fumier de vaches nourries avec du foin vaut deux charretées de fumier de vaches nourries avec de la paille.

Questionnaire.

De quoi se compose le fumier ? – Qu'est-ce que le fumier frais ? – Le fumier décomposé ? – Comment peut-on utiliser les urines non absorbées par la litière ? – Quelle est la propriété de la couperose ? – Quelle est la puissance fertilisante de l'urine par rapport au fumier ? – Comment l'emploie-t-on ? – Comment se classent les excréments des animaux herbivores ? – Quel est le plus substantiel des fumiers ? – Dites ce que vous savez du fumier de mouton. — Du fumier de cheval. — Du fumier de vache. — Du fumier de porc. — Quelles sont les causes principales qui influent sur la nature du fumier ?

Assolement.

L'assolement est l'art de faire alterner les cultures sur le même sol pour en tirer le plus grand produit aux moindres frais possibles.

La terre, même la plus fertile, ne peut pas donner constamment les mêmes produits. Il y a dans la succession des récoltes à demander à la terre un ordre à observer pour obtenir la plus grande somme de résultats, tout en lui conservant son maximum de fertilité. Pour atteindre ce but, on doit faire en sorte que les plantes de la même espèce soient remplacées par d'autres qui n'exigent ni la même culture ni les mêmes engrais. On appelle sole la partie du terrain consacrée à une culture spéciale.

Régler l'assolement d'une terre, c'est, d'une part, fixer l'étendue de chaque sole, de l'autre, déterminer la place que chaque plante admise dans l'assolement doit successivement occuper.

Il y a des plantes qui salissent le sol et l'épuisent; il y en a d'autres, au contraire, qui le bonifient.

Le froment amaigrit les champs, le trèfle les enrichit.

On doit donc alterner les récoltes de manière que celles qui précèdent préparent le succès de celles qui suivront;

Placer une récolte améliorante entre deux récoltes épuisantes.

Remplacer les plantes qui salissent la terre par des plantes qui l'ombragent fortement ou par des plantes sarclées;

Proportionner les récoltes qui ne rendent rien au sol avec celles qui y retournent sous forme d'engrais.

Il est impossible de poser des règles fixes; car l'assolement dépend du climat, de la nature du sol, des amendements, des engrais que l'on a à sa disposition et telle rotation qui convient ici ne convient pas là; c'est au cultivateur intelligent à la régler. Un homme dont le nom fait autorité,

M. James, vante avec raison l'assolement suivant en 6 parties : 1º. pommes de terre ; 2º. Orge et trèfle ; 3º. trèfle ; 4º. froment ; 5º. Vesce ; 6º. froment.

On a de cette manière le tiers des terres labourables en gros grains ; un sixième en orge, et la moitié pour la nourriture du bétail. Il reste encore le foin des prairies ordinaires.

Questionnaire.

Qu'est-ce que l'assolement ? L'assolement est-il nécessaire ? — Pourquoi ? Qu'appelle-t-on sole ? — Qu'appelle-t-on régler l'assolement ? — Quel est le meilleur assolement ?

Vidanges.

Les matières fécales forment un engrais qui, dans les pays où l'agriculture est très-avancée, passe pour l'engrais par excellence.

Il convient à tous les terrains et à toutes les cultures. Pour employer utilement ces matières, il importe de les désinfecter. On y parvient facilement, nous l'avons déjà dit plus haut, en jetant de temps en temps dans la fosse une petite quantité de couperose verte dissoute dans l'eau. Dans un grand nombre de fermes, ces matières déposées çà et là, sont perdues et pourtant les déjections de cinq personnes dans le courant d'une année suffiraient pour engraisser un hectare.

Quelque fois les matières fécales sont desséchées et réduites en poudrette. Mais alors la meilleure partie des substances fertilisantes est perdue. On les répand sur les terres, avant les labours, dans la proportion de 1750 Kilogrammes par hectare.

Questionnaire.

Que sont, comme engrais, les matières fécales? – A quel terrain convient cette matière? – Comment peut-on la désinfecter? – Qu'est-ce que la poudrette? – Comment l'emploie-t-on?

Colombine.

On désigne plus particulièrement sous ce nom les excréments des pigeons et des poules. Cet engrais, très énergique, a une puissance bien supérieure à celle des excréments des animaux herbivores; malheureusement il ne peut être obtenu en grande quantité. On devrait toujours avoir soin de répandre comme litière dans les pigeonniers et les poulaillers de la terre ou même du sable pour augmenter la masse de cet engrais. A mesure qu'on enlève la colombine, on doit l'amonceler et la conserver dans un lieu sec; mais il vaudrait mieux, si cela était possible, l'employer avant sa fermentation. Répandue avec la semence des céréales, la colombine produit sur les terrains humides et froids les meilleurs effets. On la répand en général à la volée et dans l'enterrer, par un temps humide, mais non pluvieux. Dans quelques exploitations, on réserve le fumier de volaille pour le jardin potager. Il y produit d'excellents résultats.

Questionnaire.

Qu'est-ce que la Colombine? — Comment la recueille-t-on? — Comment l'emploie-t-on?

Guano.

A la colombine doit être assimilé le guano. Cet engrais, dont on ne connaît pas exactement l'origine, existe en dépôts considérables sur les côtes du Pérou. Il y forme des bancs de 17 à 20 mètres d'épaisseur que l'on exploite comme des mines de charbon. On les suppose formés de déjections accumulées de myriades d'oiseaux de mer qui vivent dans ces parages inhabités. On l'emploie pour la culture du froment à la dose de 250 à 300 kilogrammes par hectare. Le guano que l'on recueille sur les côtes de la Patagonie, dans l'Amérique du Sud, ne vaut pas à beaucoup près celui du Pérou. Cette substance est mêlée quelquefois au noir animal pour la culture des raves et des turneps.

Questionnaire.

Qu'est-ce que le Guano ? _ Où le trouve-t-on ? _ Comment s'emploie le Guano ? _ Quel est le meilleur guano ?

Noir animal.

Le charbon, qu'on obtient en brûlant des os en vase clos, jouit à un haut degré de propriétés décolorantes et désinfectantes.

Il se compose des sels qui forment les os et du charbon qui entre dans la constitution de la gélatine. Ce charbon est employé dans les raffineries pour clarifier le sirop du sucre; après cette opération il est vendu sous le nom de noir animal ou noir d'os. Malheureusement les fraudes de toute nature ont détruit la confiance qu'on avait dans cet engrais. Il produit un excellent effet sur les terres nouvellement défrichées. On l'emploie à raison de six hectolitres par hectare. Il doit être répandu très-également, plutôt par un temps sec que par un temps humide et mélangé à la surface du sol au moyen de labours superficiels.

Le sang, la chair, les chiffons de laine, les cheveux, les débris de toisons et en général toutes les débris de matières animales sont des engrais d'une extrême énergie, qu'un cultivateur doit bien se garder de laisser perdre.

La boue des rues jouit également de grandes propriétés fertilisantes. Elle convient surtout pour les prairies et les plantes sarclées.

Questionnaire.

Qu'est-ce que le noir animal ? — Comment l'obtient-on ? — De quoi se compose-t-il ? A quoi sert-il ?

Des Semis.

Blé bien semé est à demi récolté. Ce proverbe dit assez de quelle importance il est de bien semer.

Les règles relatives aux semis comprennent le choix de la semence, sa préparation, la quantité qu'il faut employer, l'époque des semailles et la profondeur à laquelle on doit enterrer la graine.

Il n'est pas toujours aisé de reconnaître les bonnes graines d'avec les mauvaises, cependant on peut les considérer comme bonnes, quand elles paraissent bien remplies, et qu'elles ne surnagent pas en les plongeant dans l'eau.

Pour être plus certain encore de la faculté germinative des grains, on dispose dans un coin d'étable une soucoupe remplie d'eau. Cette eau supporte de petits flotteurs en liège, sur lesquels on dépose de la mousse humide. Dans cette mousse sont renfermées des grains en nombre déterminé. Au bout de quelques jours ils germent, et par la quantité de ceux qui ont germé on peut apprécier la qualité de la semence.

Avant d'être confiés à la terre, les grains ont souvent besoin de subir une préparation préalable. Les céréales sont sujettes à plusieurs maladies, telles que la rouille, le charbon, la carie. On diminue sensiblement les ravages de ces maladies par une opération appelée Chaulage.

La Société académique de Nantes décrit ainsi ce procédé.

Il faut:

Laver la semence à froid dans une lessive de bois préparée comme pour la buée, à laquelle on mêle gros comme le poing de chaux vive sur la quantité de deux décalitres de lessive. Un décalitre de cendres est nécessaire pour cette quantité. Un baquet, ou une barrique, suffit pour plus d'un setier de froment.

On se sert avantageusement pour ce lavage d'un panier d'osier qu'on remplit à chaque fois, de manière à ce que les grains soient bien remués en tous sens, afin que, généralement imbibés, les bons tombent au fond et soient ainsi séparés de ceux de mauvaise qualité, qui surnagent et qu'on enlève. Après avoir égoutté, on vide successivement le panier sur un plancher ou un carrelage. A la suite de ce bain, et avant que le grain soit sec, on répand sur le tas de la poussière de chaux vive, en prenant le soin de remuer promptement le grain pendant cette opération et de le retourner avec une pelle de bois, pour que toutes les parties humides soient bien pénétrées et que le grain redevenu sec, soit blanc et poudré totalement de chaux. Il faut observer que la chaux ne doit pas être éteinte à grande eau, mais fusée, c'est-à-dire réduite en poudre au moyen de quelques gouttes d'eau seulement répandues sur chaque pierre de chaux, et qu'il n'en faut ainsi éteindre que la quantité nécessaire à chaque opération. La qualité de la graine, le mode de semailles, les travaux dont elle est l'objet pendant le cours de la végétation, sont autant de causes qui influent sur la quantité de semences à employer.

Si le sol est bien préparé, bien engraissé, si la semaille est faite de bonne heure, et par un temps favorable, si le terrain est purgé de mauvaises herbes, moins il faudra de semence.

Les graines demandent à être enterrées plus ou moins profondément. Leur grosseur sert ordinairement de guide; plus elles sont petites, moins elles ont besoin d'être recouvertes; la nature du sol exerce également une grande influence sur la profondeur des ensemencements.

Dans les terres fortes, argileuses, la profondeur doit être moindre que dans les terres légères, car l'humidité, une des causes principales de la germination, abandonne plus facilement ces dernières.

En général, la graine doit être enterrée plus profondément au printemps qu'en automne, et d'autant moins profondément qu'elle met moins de temps à lever.

Pour les haricots, le maïs, le Colza, la profondeur varie de 20 à 23 centimètres.

Pour les vesces, lentilles, betteraves, pois, de 3 à 5.

Pour l'orge et l'avoine, de 7 à 8.

Pour les navets, les carottes et les rutabagas, de 15 à 20.

Questionnaire.

Questionnaire.

Quelles sont les règles relatives au choix des semences ? — A quoi reconnaît-on une bonne graine ? — Comment peut-on reconnaître les propriétés germinatives des graines ? — Qu'est-ce que le chaulage ? — Quelle est sa propriété ? — En quoi consiste cette opération ? Quelles sont les causes qui peuvent influer sur la quantité de la semence ? — Les graines doivent-elles être enterrées à la même profondeur ? — Causes qui modifient la profondeur de l'enfouissement des graines. — Citez quelques exemples.

Ensemencements

Les ensemencements se font de deux manières, soit à la volée, soit au semoir.

La première est la plus usitée et la plus expéditive. Le semeur doit apporter la plus grande attention à prendre ses poignées de grains parfaitement égales et à les disperser toujours à la même distance en marchant avec une grande régularité; l'opération doit se faire par un temps calme et être interrompue si le temps devient un peu vif. Cette méthode présente, toutefois, de graves inconvénients. L'habitude que l'on a de semer devant la charrue fait qu'une partie considérable de la semence se trouve enfouie trop profondément et ne lève pas.

Ce mode ajoute, en outre, aux difficultés du sarclage, qu'il est souvent impossible d'effectuer sans enlever une partie des bonnes plantes avec les mauvaises.

Cependant, on doit préférer ce mode d'ensemencement quand il s'agit des graines destinées à former des prairies artificielles ou naturelles, parceque, dans ce cas, il n'y a pas de sarclage à faire, et que l'ensemencement a lieu sur le sol labouré et nivelé.

Dans l'ensemencement au semoir, on évite ces inconvénients. Le semoir distribue le grain dans le sol en lignes régulièrement espacées et à des distances égales dans les lignes. Les grains, dont au moins un tiers est économisé, enterrés à la même profondeur, ne sont recouverts que de la quantité de terre nécessaire à leur germination. Les plantes peuvent ainsi se développer plus aisément; la régularité des lignes facilite le sarclage, qui se fait, soit à la main, soit au moyen de la houe à cheval sans endommager les bonnes plantes.

Questionnaire!

Questionnaire.

De combien de manières se font les ensemencements ? — Quelle est la plus usitée ? — Dans quel cas doit-on préférer l'ensemencement au semoir ? — Quels sont les inconvénients de l'un et de l'autre mode ? — Qu'est-ce que le sarclage ? — Comment se fait cette opération ?

Céréales.

Les principales céréales sont le blé ou froment, le seigle, l'orge, le sarrasin ou blé noir, l'avoine, le maïs ou blé de turquie, le millet.

Blé.

Le blé occupe le premier rang parmi les céréales. Chaque grain contient sous la peau avec laquelle on fait le son une substance blanche, qu'on peut facilement séparer en deux parties: l'amidon ou fécule et le gluten. Ces deux choses réunies forment la farine. Une farine est d'autant plus nourrissante qu'elle contient plus de gluten.

Pour obtenir le gluten, mâchez pendant quelques minutes des grains de blé en salivant. La salive emportera peau en fécule et bientôt vous obtiendrez une pâte très consistante, élastique, brune et s'allongeant comme de la gomme élastique. Si vous y mettez le feu vous la ferez charbonner et vous sentirez une odeur de plume brûlée.

Le gluten est beaucoup plus nourrissant que la fécule ; la plante viendra mieux si le grain en contient beaucoup.

On a longtemps discuté pour ou contre le changement de semence. Gardez la vôtre tant qu'elle est bonne ; remplacez la quand elle ne le sera plus.

On cultive un grand nombre de variétés de froment. Elles peuvent se rapporter à deux classes : les blés fins ou sans barbes ; les blés gros ou barbus.

Le froment préfère à toute autre un sol consistant et frais. Il donne les produits les plus estimés dans les terrains argilo-calcaires suffisamment pourvus d'humus.

Les semailles du froment se font du premier Octobre au 15 Novembre. Aussitôt après les semailles, on tire des raies d'écoulement à travers la pièce, afin que l'eau n'y séjourne pas au printemps ; lorsque le sol est suffisamment ressuyé, on donne un hersage énergique, afin de rompre la croûte du sol et de détruire les mauvaises herbes. Le blé de printemps exige un sol bien ameubli et purgé de mauvaises herbes. On le sème de très-bonne heure au printemps. Sa culture ne convient pas aux climats secs.

La quantité de semence varie entre 250 et 300 litres par hectare.

Questionnaire.

Qu'appelle-t-on céréales ? — Quelles sont les principales céréales ? — Quels sont les caractères du blé ? — Quelle est la meilleure farine ? — Comment obtient-on le gluten ? Quelles sont les principales variétés de froment ? — Quand sème-t-on le froment ? — Quels sont les soins que cette culture exige ? — Qu'appelle-t-on blé de Mars ou de Printemps ? — Quelle quantité de semence doit-on employer ?

Seigle.

Bien qu'il ne soit pas aussi nourrissant que le froment, le seigle fournit une farine dont le pain est coloré mais très-sain. Il réussit admirablement dans les terrains sableux, pauvres, et dans les sols nouvellement défrichés.

Le seigle n'aime pas, comme le froment, à trouver un fonds solide. Les semailles tardives sur un sol humide, lui sont tout-à-fait défavorables.

On sème de Septembre en Novembre à raison de deux hectolitres par hectare.

Il talle avant l'hiver et monte rapidement avec les premières chaleurs. Les seigles sont habituellement semés dans des terres trop légères pour qu'il s'y forme une croûte au mois de Mars ; ils ont, par conséquent, rarement besoin d'un hersage au printemps.

On le sème souvent par moitié avec le froment dans les terres de qualité moyenne : ce mélange est nommé Méteil.

Le rendement moyen du seigle est de 22 à 25 hectolitres par hectare.

Le seigle est encore très utile comme fourrage printanier. On le sème en Septembre après avoir fumé légèrement, et au printemps après avoir fauché, on remet une demi fumure pour les pommes de terre.

Cette céréale est sujette à

une maladie particulière connue sous le nom d'ergot. Elle se développe ordinairement dans les années humides. L'ergot mélangé au pain est très dangereux pour la santé de l'homme.

Questionnaire.

Qu'est-ce que le seigle? — Dans quelle terre réussit cette céréale? — Quand sème-t-on le seigle? — Qu'est-ce que le méteil? — Quel est le rendement moyen du seigle? — Comment obtient-on le seigle comme plante fourragère? — A quelle maladie est sujet le seigle? —

Orge.

De toutes les céréales, l'Orge est celle qui mûrit le plus tôt; sa farine, quoique très nourrissante, se prête mal à la panification. De là le proverbe : grossier comme pain d'orge.

L'orge demande un terrain parfaitement ameubli et très net et une fumure décomposée, de préférence au fumier frais. On la sème dans la proportion de trois hectolitres par hectare.

Le rendement est souvent de 40 hectolitres.

On en cultive en France deux espèces principales : l'orge à 6 rangs et l'orge à 2 rangs.

La première se sème avant l'hiver, la 2e au printemps

Outre son importance comme fourrage, on sait le rôle que joue cette céréale dans la fabrication de la bière.

Questionnaire.

Qu'est-ce que l'orge ? — quel terrain exige l'orge ? — Quel est son rendement ? Quelles sont les espèces d'orges cultivées en France ?

Avoine.

L'avoine demande moins de préparations et d'engrais que les céréales précédentes ; mais elle épuise beaucoup le sol. Elle s'accommode de tous les terrains, mais réussit mieux dans les terres un peu argileuses que dans les terres légères. Nulle récolte n'utilise mieux un défriché de trèfle et de luzerne.

On cultive deux espèces d'avoine : la Blanche d'hiver et la noire de printemps. La première se sème ordinairement en Octobre et la seconde en Mars.

La quantité de semence est de trois à 4 hectolitres par hectare. En terre fertile, le rendement peut monter à 45 hectolitres.

La paille d'avoine et la paille de froment peuvent être regardées comme les plus propres à la nourriture des animaux.

L'avoine mûrit inégalement : il faut, quand on veut récolter, saisir le moment où la majeure partie des avoines est à peu près mûre. Coupée et mise en javelles, elle passe quelques jours sur la terre et la maturation s'achève.

Questionnaire.

Qu'est-ce que l'avoine ? — Dans

quels terrains réussit-elle ? — Combien d'espèces d'avoine cultive-t-on en France ? — Quelle est la quantité de semence qu'on emploie ? — Quelles précautions à prendre pour la récolte de l'avoine ?

Sarrasin.

Le sarrasin, connu aussi sous le nom de blé noir, est surtout cultivé dans l'Ouest de la France pour la nourriture des habitants. Comme le seigle, il réussit bien dans les terrains légers et pauvres. L'engrais qui lui convient le mieux est le noir animal ; à défaut de noir, on peut employer la poudrette et le fumier consommé. En récolte principale, on prépare le terrain par plusieurs labours ; en culture dérobée, il suffit d'un coup de charrue suivi de hersages. On sème dans la proportion d'un hectolitre par hectare. L'un des grands défauts du sarrasin est que tous ses grains ne mûrissent pas en même temps. Au moment de la récolte on voit des fleurs au sommet, des grains à demi mûrs au milieu et des grains trop mûrs à la base.

Aussi beaucoup se perdent par l'égrenage, ce qui réduit la récolte à 12 ou 15 hectolitres par hectare dans les terres médiocres, à 20 ou 25 dans les très bonnes. En revanche, il nettoie parfaitement le sol et donne une paille qui, employée comme litière, fournit un excellent fumier. Enfin, au moment où il commence à fleurir, il produit un bon engrais végétal.

Questionnaire.

Qu'est-ce que le Sarrasin ? — Comment le nomme-t-on encore ? — Dans quels terrains réussit-il ? — Quel est l'engrais qui convient le mieux à cette plante ? — Quelles préparations exige le terrain? — Quelle est la quantité de semence employée? — Quel est le rendement du Sarrasin? — Comment peut-on employer le Sarrasin?

Maïs.

Le Maïs est également propre à la nourriture de l'homme et à celle des animaux domestiques.

Les terres fortes, profondes et riches sont celles qui lui conviennent le mieux.

Quand le Maïs doit être récolté comme fourrage, on peut semer à la volée; mais il est toujours préférable d'employer le semoir. Pour les grandes espèces, on sème en lignes espacées à 0m. 80 de 6 à 8 grains par mètre de longueur.

Les petites espèces connues sous le nom de maïs quarantain et de maïs à bec se sèment en lignes espacées à 0m. 50. Ces deux dernières produisent des grains plus petits, mais offrent l'avantage de mûrir dans 3 ou 4 mois.

Dans beaucoup de contrées de l'Europe, la farine de Maïs constitue la nourriture presque exclusive des habitants.

Coupé en vert, il donne un des meilleurs fourrages que l'on connaisse.

Questionnaire.

A quoi sert le maïs? — Dans quelles terres cette plante réussit-elle le mieux? — Comment sème-t-on le maïs? — A quoi sert le maïs?

Millet.

Le millet, fauché en vert, donne comme le maïs un excellent fourrage, il demande les mêmes soins. On en cultive 2 variétés principales: le millet commun et le millet d'Italie. L'usage du grain de millet comme nourriture pour l'homme est assez restreint. On le sème au commencement de Mai, à raison d'un hectolitre par hectare. Le rendement moyen est de 30 hectolitres.

Questionnaire.

Comment cultive-t-on le millet? — A quoi sert cette plante? — A quelle époque sème-t-on le millet? — Quelle est la quantité de semence à employer? — Quel est le rendement du millet?

Graines légumineuses

Après les céréales, se rangent comme importance un certain nombre de plantes appartenant à la famille des légumineuses.

Leurs grains donnent à l'homme une excellente nourriture et leurs fanes un bon produit pour le bétail. Plantes peu épuisantes, elles prennent facilement leur place dans les assolements. Les graines légumineuses de grande culture sont: les fèves, les pois, les haricots et les lentilles.

Les fèves, dont on fait une grande consommation dans le midi de la France, ne sont cultivées dans le Nord que pour l'élève du bétail, et en Lorraine pour l'engraissement des porcs.

Les fèves aiment les terres fortes, les marais, ou les prairies nouvellement défrichées. Elles ne réussissent pas dans les sols légers. Le fumier un peu décomposé leur convient mieux que le fumier frais.

On sème à la fin de Février ou au commencement de Mars, en lignes et dans la proportion de 130 hectolitres à l'hectare. Les lignes sont espacées à 0m.60, et les graines à 0m.05.

On donne un premier binage 8 ou 10 jours après qu'elles sont sorties de terre et un second 20 jours plus tard. Lorsque les gousses inférieures commencent à se former, on étête les cimes afin de faire refluer la sève sur les gousses déjà nouées et d'obtenir une maturation plus hâtive.

Lorsque la plus grande partie des gousses est devenue noire, on coupe à la faucille, on lie en bottes et on laisse sécher à l'air avant le battage.

Le rendement moyen est de

15 hectolitres à l'hectare.

Les tiges battues donnent un fourrage sec très nourrissant surtout pour les jeunes chevaux.

Questionnaire.

Quelles sont les principales plantes légumineuses ? — A quoi servent ces plantes ? — Dans quelles parties de la France cultive-t-on les fèves ? — Dans quelles terres réussissent-elles ? — A quelle époque sème-t-on les fèves ? — Comment les cultive-t-on ? — Quels soins exigent la culture et la récolte des fèves ?

Pois.

On connaît un grand nombre d'espèces de pois. A l'exception de deux, toutes sont du ressort du jardinage. Ces deux espèces sont : Le pois vert normand et le pois anglais de Norfolk. Les pois réclament une terre légère et réussissent après toute espèce de récolte sur une fumure de l'année précédente. On sème souvent à la volée à raison de 2 hectolitres par hectare; mais il est préférable de semer en lignes espacées de 0m.70.

Le rendement moyen est de 15 hectolitres à l'hectare. Le fourrage vert est bon, surtout pour les moutons.

Questionnaire.

Quelles sont les principales espèces de pois? — Quelle terre réclament les pois? Comment les cultive-t-on? — Quelle est la quantité de semence qu'il faut employer? — Quel est le rendement par hectare.

Haricots.

On en connaît un très-grand nombre de variétés. Les deux principales sont: le haricot à rames et le haricot nain.

Il faut aux haricots une terre légère, bien ameublie et un climat sec. Le froid et l'humidité leur sont très nuisibles.

Les espèces à rames se sèment à la main dans des trous peu profonds au centre desquels les rames sont plantées au moment même des semailles.

Les haricots sans rames se sèment dans des raies de 4 à 6 centimètres de profondeur.

Il n'est guère possible de semer avant le 1er Mai.

Questionnaire.

Quelles sont les espèces principales des haricots ? — Quelle terre convient particulièrement à cette plante ? — Quels soins exige la culture des haricots ? — A quelle époque les sème-t-on ?

Lentilles,

La lentille donne une graine très nourrissante et qui se vend fort bien. La paille forme un fourrage qui équivaut au meilleur foin. La quantité considérable de substance nutritive qu'elle contient fait qu'on la distribue aux bestiaux mélangée avec d'autres fourrages secs ou avec de la paille hachée.

Comme le haricot, elle aime une terre légère et un fumier décomposé.

On sème ordinairement les lentilles à la volée et à raison d'un hectolitre par hectare. Le rendement est de sept à huit hectolitres.

Questionnaire.

Questionnaire.

Quel parti tire-t-on des lentilles ? — Quelles sont les qualités de la graine ? — De la paille ? — Quel terrain convient aux lentilles ? — Comment les sème-t-on ? — Quel est le rendement des lentilles par hectare ?

Racines,

Les racines fourragères généralement cultivées sont la pomme de terre, la betterave, la carotte et le navet.

Pommes de Terre.

La pomme de terre cultivée dans les conditions les plus diverses de sol et de climat, présente des variétés infinies : rondes, longues, blanches, jaunes, violettes, etc. Elles se distinguent en outre en pommes de terre hâtives ou tardives, selon l'époque de leur maturité.

A l'exception des sols trop compactes ou trop humides, la pomme de terre vient bien dans tous les terrains; mais elle acquiert plus de qualité, elle devient plus farineuse dans les terrains légers.

Cette plante demande une bonne fumure et forme une magnifique préparation pour les céréales de printemps. On donne ordinairement un labour avant l'hiver, un second en Février et un troisième au moment de la plantation, qui se fait depuis Mars jusqu'en Mai. Dans certaines localités on sème des tubercules flétris, des rebuts; dans les autres, de simples yeux; dans celles-ci, des fragments plus ou moins munis d'yeux.

Aujourd'hui l'expérience a démontré que le meilleur mode consistait à prendre des tubercules moyens, entiers et parfaitement sains. La plantation la plus usitée dans la grande culture est la plantation à la charrue. Les lignes sont espacées à 80 centimètres et les semences à 45 centimètres. Il faut en moyenne 8 hectolitres de semence par hectare. Deux buttages au moins sont nécessaires et le premier doit s'effectuer quand les tiges ont atteint la hauteur de quinze centimètres.

Questionnaire

Questionnaire.

Quelles sont les racines fourragères généralement cultivées ? — Quelles sont les principales variétés de pommes de terre ? — Quelle terre convient aux pommes de terre ? — Quels soins exige la culture de la pomme de terre ? — Quel est le meilleur mode de plantation des pommes de terre ?

Betteraves.

Parmi toutes les plantes cultivées sous le nom de plantes racines, la betterave est sans contredit la plus précieuse. Elle fournit pendant l'hiver une excellente nourriture pour le gros bétail. Elle réussit très bien dans les terrains secs.

On en connaît plusieurs variétés.

La betterave-disette à racine oblongue presque entièrement hors de terre.

La betterave à collet vert recherchée pour la fabrication du sucre.

La globe jaune et la globe rouge dont les racines s'enterrent à moitié dans le sol.

La betterave réussit beaucoup mieux transplantée que semée en place.

On sème en Avril et on transplante au commencement de Juin. Les lignes doivent être espacées à 50 centimètres et les plants à 30 centimètres. La reprise est plus sûre quand on trempe les racines dans la bouse de vache délayée avec de l'eau.

Il est bon de donner plusieurs binages avec la houe à cheval. Quand les plantes ont acquis un développement assez grand pour couvrir l'espace qui sépare les lignes, elles ne réclament plus aucun soin. Il est des cultivateurs qui, pour nourrir leurs bestiaux, effeuillent les betteraves au fur et à mesure qu'elles se développent. C'est un tort, parceque pour se développer, les plantes ont autant besoin de leurs feuilles que de leurs racines.

Le rendement moyen est de dix mille kilogrammes par hectare.

La récolte se fait ordinairement au commencement de Novembre. À ce moment, on arrache, on coupe les feuilles et on conserve en lieu sec ou en silos.

Questionnaire.

Questionnaire.

Qu'est-ce que la betterave ? — A quoi sert-elle ? — Dans quel terrain réussit-elle ? — Quelles sont les principales variétés de betteraves ? — Quand sème-t-on les betteraves et comment ? — En quoi consiste la reprise ? — Quels soins exige la culture de la betterave ? — Quel est le rendement de la betterave ? — A quelle époque se fait la récolte ?

Carottes.

La carotte est une excellente racine ; tous les animaux la mangent avec avidité. Elle donne aux vaches un très bon lait et le beurre qui en provient est meilleur qu'avec toute autre nourriture.

On en connait plusieurs variétés. La plus estimée est la carotte blanche à collet vert. A cause de sa racine pivotante, la carotte exige un sol profond. La terre doit être préparée par plusieurs labours, les binages et les sarclages fréquents. La semaille en lignes est préférable. Il faut que les lignes soient espacées de cinquante centimètres. La semaille se fait de Mars en Avril.

Quand les plantes atteignent la grosseur du petit doigt, on éclaircit en laissant entre elles quarante centimètres. Les racines se récoltent dans le même temps que les betteraves et sont conservées en lieu sec.

Questionnaire.

Quel est l'usage de la carotte? — Quelles sont les variétés de carottes? — Comment se cultive la carotte? — Quand se fait le semis? — La récolte? — Comment conserve-t-on les carottes?

Navets.

Dans la grande culture le navet se donne en vert aux mois de Mars et Avril. C'est par cette racine qu'on commence en général la consommation fraîche d'hiver.

Il réussit bien dans les terres légères et sablonneuses. On sème sur un labour après une récolte de grains, ordinairement à la volée et à raison de 3 à 4 Kilogrammes de graines par hectare et on recouvre par un trait de herse.

Il existe un grand nombre de variétés des navets cultivés dans les potagers.

En grande culture on en a deux:

Les navets ronds ou turneps.

Les navets longs d'Alsace.

Les semis ont à craindre surtout les attaques d'un petit insecte, connu sous le nom d'altise ou tiquet. Ces attaques ne sont plus à redouter quand les jeunes feuilles ont pris une certaine consistance. Il est donc important de faire traverser rapidement aux jeunes plants la première phase de leur végétation. On y parvient en semant à la volée avec la graine une demi-fumure d'engrais pulvérulent.

Pendant le cours de la végétation, les navets doivent être éclaircis et binés; plus les binages seront répétés, plus la récolte sera abondante.

On les arrache en Octobre, avant qu'ils aient subi l'action des premières gelées.

Pour les conserver, on les place sur la terre après les avoir effeuillés, on les range les uns près des autres en un lieu sec et on les recouvre avec de la paille.

Questionnaire.

Quelles sont les variétés principales de navets ? — Dans quelle terre se cultive cette plante ? — Quels soins sa culture exige-t-elle ? — Quand a lieu le semis ? — La récolte ? — Quelles sont les précautions à prendre pour conserver les navets ?

Plantes textiles.

On appelle ainsi les plantes dont les fibres servent à fabriquer la toile.

En France on en cultive deux : le lin et le chanvre.

Lin.

Le lin fournit un double produit : sa tige donne une très belle filasse ; sa graine, une huile employée à de nombreux usages. Il exige une terre légère, profonde, bien préparée par plusieurs labours et fortement fumée les années précédentes.

Plante épuisante, elle fatigue beaucoup le sol, et ne peut revenir au même lieu qu'après un intervalle de six à sept ans ; mais elle donne au cultivateur des bénéfices considérables.

Dans les pays chauds, le lin se sème à l'automne ; dans les climats froids on le sème au printemps.

Le choix de la semence est de la plus haute importance. Celle que l'on fait venir de Riga (Russie) est considérée comme la meilleure. Elle doit être renouvelée tous les trois ans.

On sème du 15 Avril au 1er Mai, à la volée, par un temps humide et à raison de trois hectolitres à l'hectare ; puis on couvre d'un léger trait de herse, suivi d'un coup de rouleau.

Quand les feuilles jaunissent et que les graines

ont pris une consistance solide, on peut arracher.

Les tiges sont alors liées par paquets et séchées à l'air.

Les têtes, battues sur un billot, laissent sortir les graines, et les tiges sont soumises à l'opération du rouissage.

Cette opération a pour but de détacher l'écorce en dissolvant la matière gommeuse qui lie entre elles les fibres textiles; on y parvient de deux manières.

On dispose la récolte de lin sur un pré, en couches minces, que l'on retourne jusqu'à ce que les fibres se séparent facilement selon que le temps est humide ou sec; le rouissage dure de 3 semaines à 2 mois.

Le rouissage à l'eau est beaucoup plus prompt. On choisit dans un ruisseau dont le cours est très lent un place peu profonde. Les tiges, mollement serrées, y sont déposées debout, la racine en bas. L'opération demande de 6 à 10 jours. Quand le rouissage est terminé le lin est retiré de l'eau en été à moitié à l'air libre. La dessiccation s'achève dans un four modérément chauffé.

Questionnaire.

Qu'appelle-t-on plantes textiles ? — Quelles sont les plantes textiles cultivées en France ? — Que produit le lin ? — A quoi sert-il ? — Quelles terres exige le lin ? — Quels soins exige sa culture ? — Comment a lieu le semis ? — La récolte ? — En quoi consiste le rouissage ?

Chanvre.

Le chanvre demande un sol de première qualité, fréquemment ameubli et frais. Deux labours sont nécessaires, dont l'un avant l'hiver. Du reste les façons préparatoires à donner à la terre et à la semence qu'elle doit recevoir sont les mêmes que pour le lin.

On sème en Mai, à la volée, à raison de

3 hectolitres de graines par hectare et l'on donne un coup de herse.

Contrairement au lin, le chanvre peut revenir souvent dans la même terre et donner de beaux produits, pourvu qu'il soit largement fumé.

Lorsque l'écorce commence à jaunir, on arrache les plants brin à brin; on en fait des poignées qu'on met sécher au soleil; puis on fait rouir à la rosée ou mieux dans une eau courante.

L'opération dure de 10 à 15 jours.

On retire les tiges lorsque la teille se détache avec facilité.

L'eau dans laquelle on rouit le chanvre exhale des miasmes qui occasionnent des maladies graves; elle contracte un degré de putréfaction tel, que les poissons soumis à son action délétère ne tardent pas à périr.

Questionnaire.

Quelle nature de terre exige le chanvre? — Quelle préparation doit recevoir le sol? —

A quelle époque sème-t-on le chanvre et comment a lieu le semis ? — Quand se fait la récolte ? — Comment ?

Plantes Oléagineuses.

On appelle ainsi les plantes que l'on récolte en vue de l'huile que fournit leur graine. Trois sont principalement cultivées en France :

Le Colza, la Navette et le Pavot.

Colza.

Ainsi que le lin et le chanvre, le colza donne une récolte qui ne profite pas au bétail. On ne doit donc le cultiver que dans les localités où l'on peut se procurer des engrais facilement et à bon marché.

On en cultive deux variétés : l'une, bisannuelle ou colza d'hiver ; l'autre, annuelle ou colza d'été.

C'est dans les sols d'alluvion et les bonnes terres à froment qu'il donne les meilleurs résultats.

Dans les assolements bien entendus, il succède à une céréale ou à une culture de pommes de terre. La terre destinée à le recevoir doit être préparée par 2 ou 3 labours.

On sème du 1er au 15 Août, on éclaircit le plant afin qu'il prenne de la force et dans la première quinzaine d'Octobre, on arrache et on transplante.

Dans les terres fortes, abondamment fumées, on plante à la distance de 0m 50 à raison de 40000 pieds par hectare.

Dans les terres légères on espace à 0m 30 à raison de 90000 à l'hectare.

On reconnaît la maturité des graines à la couleur jaune que prennent les siliques. La récolte se fait du 15 Juin au 1er Juillet. La graine est avidement recherchée par les oiseaux. La plus belle est gardée pour semence. L'autre fournit une huile qui sert principalement à l'éclairage et à la fabrication des savons.

Questionnaire.

Qu'appelle-t-on plantes oléagineuses? — Quelles sont les principales plantes oléagineuses cultivées en France? — Qu'est-ce que le colza? — Quelles sont les qualités de colza cultivées? — Dans quelles terres réussit cette plante? — Quelle préparation doit recevoir le sol? — A quelle époque le sème-t-on? — Quels soins exige sa culture? — A quoi reconnaît-on la maturité du

Colza? — A quoi sert le colza?

Navette.

On connait deux variétés de navette: l'une annuelle ou de printemps, l'autre bisannuelle ou d'hiver.

La navette est peu exigeante quant à la qualité du sol et elle offre sur le colza l'avantage de pouvoir être semée plus tard et de laisser ainsi plus de temps pour préparer le sol.

La navette d'hiver se sème après un seigle ou une avoine.

La navette de printemps se sème en Mars, ordinairement associée à une avoine.

Le rendement moyen est de 15 hectolitres par hectare.

L'huile que l'on retire des graines, non siccatives, est jaune et assez visqueuse. On l'extrait en broyant la graine, la faisant chauffer avec un peu d'eau et la soumettant à la presse.

On la purifie après cela en l'agitant avec deux centièmes de son poids d'acide sulfurique.

L'huile de Navette est employée dans l'éclairage et dans la fabrication des savons verts.

Questionnaire:

Questionnaire.

Combien connaût-on de variétés de navette ? — Quel sol exige cette plante ? — Quels sont les usages de la navette.

Pavot.

Dans les Départements du Nord de la France, l'huile extraite de la graine de pavot, connue sous le nom d'huile d'œillette, remplace l'huile d'olive comme huile comestible.

Le pavot demande une terre riche, profonde et très ameublie.

On sème ordinairement le printemps, à la volée, dans la proportion de deux kilogrammes par hectare. La graine est mêlée à 2 fois son volume de sable fin, afin de pouvoir la distribuer également.

Il faut éclaircir de bonne heure, puis biner et sarcler souvent ; la récolte est à ce prix ; car le pavot redoute beaucoup le voisinage de la mauvaise herbe qui l'étoufferait pendant la première période de sa végétation.

La graine est mûre vers la fin du mois d'Août ; le rendement moyen est de 25 hectolitres à l'hectare. L'huile d'œillette étant siccative ne peut servir à l'éclairage ; mais les peintres s'en servent quelquefois en augmentant ses propriétés siccatives en la faisant cuire avec un nouet contenant de la litharge.

Le marc qui reste après l'expression de l'huile sert à nourrir les vaches, les porcs, et les oiseaux de basse-cour.

Questionnaire.

Quelle terre convient à la culture du pavot? — Quels soins exige la culture de cette plante? — A quelle époque a lieu le semis? — La récolte? — Quel est le rendement par hectare? — D'où vient l'huile d'œillette? — Quelles sont ses propriétés? — A quoi sert le marc?

Olivier

L'olivier, cultivé en France depuis la plus haute antiquité, est l'arbre qui a le plus à souffrir des basses températures. L'olivier, qui peut vivre trois siècles, en Algérie par exemple, n'a guère sous notre climat qu'une durée moyenne de 50 à 60 ans, c'est-à-dire que tous les 50 ou 60 ans il surgit des froids assez violents pour tuer tous les oliviers.

La culture de cet arbre se restreint chaque jour davantage. Commune il y a 7 ou 8 siècles dans le Bourbonnais, elle ne s'étend plus aujourd'hui qu'à quelques kilomètres du littoral Méditerranéen.

Dans le Languedoc et le Narbonnais on néglige depuis quelques années la culture de l'olivier pour étendre celle de la vigne, qui donne un produit bien plus avantageux.

Un hectare d'oliviers contient au plus mille pieds d'arbres

Si la récolte est moyenne, l'arbre produira à l'âge de 10 ans, trois kilogrammes d'olives, donnant au pressoir 240 grammes d'huile qui, à raison de 1f.65 le kilogramme, fournissent un total de 0f.66c, et pour l'hectare une somme de 600 francs.

Un hectare de vigne peut contenir dix mille pieds et chaque pied donner au moins, à l'âge de 10 ans, un kilogramme de raisin, d'une valeur moyenne de 0f.25, soit pour l'hectare un total de 2,500 francs.

La différence comme rendement entre ces deux cultures est, comme on voit, assez considérable, pour que les agriculteurs du midi donnent la préférence à la plus lucrative.

En Algérie, le froid n'est jamais assez considérable pour faire périr l'olivier. Sur cette terre privilégiée, il vient naturellement, acquiert des proportions considérables et ne meurt que de vieillesse.

Chaque pied donne en moyenne, à l'âge de 10 ans, un revenu de 0.60c à vingt ans, 1f.50; à 30 ans 2f.55; à 50 ans 3f.80 et à 100 ans, 10 francs.

On aura une idée du revenu considérable que cette culture peut procurer à l'Algérie, quand on saura que, d'après la statistique officielle de 1860, la production de l'huile d'olive en France a été de trois cent mille hectolitres qui, à raison de 160 francs, ont donné une valeur en argent de quarante-huit millions de francs.

L'importance en 1860 a été de 196,730 hectolitres qui, à raison de 160f, donnent une somme de 27,170,396 francs.

Ce qui forme un total de 496,730 hectolitres, représentant une valeur de 75,170,396 francs.

Questionnaire.

Depuis quand l'olivier est-il cultivé en France? — Combien peut vivre l'olivier? — A quelle partie de la France se restreint la culture de l'olivier? — Quel est le rendement d'un hectare de terre planté d'oliviers? — Quelle différence entre le rendement d'un hectare de terre planté en oliviers et un hectare planté en vigne? — A combien s'est élevée l'importance de cette plante en 1860?

Prairies.

On divise les prairies en prairies naturelles et prairies artificielles.

On appelle prairies naturelles celles qui se forment spontanément, sans le secours de l'homme. Les plantes qui les composent sont presque toutes de la famille des graminées. Celles qui n'appartiennent pas à cette famille, telles que chrysanthème, renoncule, &c., sont sans valeur ou nuisibles.

Les prairies naturelles ont une durée illimitée.

Créées par la main de l'homme, les prairies artificielles sont composées de graminées et surtout de légumineuses. Ces dernières plantes puisent dans l'atmosphère la plus grande partie de leur nourriture, et loin d'épuiser la terre, elles la bonifient, l'enrichissent par les débris nombreux qu'elles lui abandonnent. Les prairies artificielles font la vraie richesse des cultivateurs; elles permettent de nourrir un grand nombre d'animaux, ce qui est rarement possible lorsqu'on n'a que des prairies naturelles.

Les prairies artificielles ont une durée limitée. Avant de procéder à l'établissement d'une prairie il importe d'examiner attentivement la nature du sol et sa position.

L'herbe ne prospère que dans un terrain frais et en bon état de fertilité.

Tout terrain destiné à être converti en prairie doit être soumis avant l'hiver à des labours profonds, puis égalisé et nivelé par des labours superficiels. Des rigoles d'écoulement et le drainage l'assainiront s'il est couvert de nappes d'eau stagnante ou si le sous-sol est imperméable.

Questionnaire.

Comment divise-t-on les prairies ? — Qu'appelle-t-on prairies naturelles ? — Artificielles ? — De quelles plantes se composent les prairies artificielles ? — Quelle préparation doit-on donner au terrain destiné à être converti en prairie ?

Prairies naturelles

Nous avons en France cinq sortes de prairies naturelles :

1° Celles qui sont situées sur les bords des rivières. Leur fond est ordinairement un sable recouvert d'un limon apporté chaque année par trois ans. Ces arrosemens passagers leur nuisirent.

2°. Les prairies arrosées par des ruisseaux ou des rigoles qui les coupent en tous sens. Si l'eau en est limpide et courante l'herbe y prospère; mais si l'eau s'y trouve stagnante, les roseaux, les joncs, les varechs y dominent. Le fourrage est détestable.

3°. Les prairies situées dans les bas-fonds. Dans l'origine on les sème de plantes convenables; mais comme, en général, on néglige de les renouveler, leur nature se détériore sensiblement chaque année; les plantes de longue durée viennent et l'emportent de plus en plus.

Les terrains sablonneux quoique donnant en général une récolte moins abondante, fournissent néanmoins, les meilleures qualités de fourrages; les terrains froids, humides, marécageux produisent plus d'herbe, mais perdent sous le rapport de la qualité, les espèces fourragères n'ont pas de qualités absolues.

Telle espèce reconnue comme très nutritive, perd parfois ses propriétés au bout d'un certain temps, telle autre réputée médiocre s'améliore lorsqu'elle se trouve dans de certaines conditions.

C'est du choix de la semence que dépend en grande partie la qualité d'une prairie permanente.

Ce choix est réglé par diverses considérations dont les plus importantes sont la nature du sol et la précocité de végétation des plantes.

On doit préférer les graines de l'année précédente, celles de deux ans sont rarement de bonne qualité.

Dans les terres fortes, on sème avec avantage : houque laineuse, paturin des prés, vulpin des prés, fléole, trèfle rampant, vesces des haies.

Environ 75 Kilogrammes à l'hectare.

Dans les terres légères : ivraie vivace, brôme dressé, brize tremblante, aire flexueuse, dactyle glomérée, trèfle rampant, lotier corniculé

On sème environ 60 Kilogrammes à l'hectare.

Dans les terrains marécageux on emploie: alpiste roseau, fétuque roseau, fléole des prés, vulpin des prés, vulpin genouillé, glycérie des marais, vesce des haies.

On sème à raison de 60 Kilogrammes à l'hectare.

Les semis se font à la volée du 15 Août à la fin de Septembre.

La prairie, quelle qu'elle soit, n'atteint toute sa richesse de végétation qu'au bout de 4 ou 5 ans; vieillie, elle donne un foin plus nutritif qu'une prairie nouvellement faite.

Toutes les plantes ont besoin d'être alimentées; le défaut d'engrais nuit aux prairies autant qu'aux autres cultures.

La tangue des mers, la vase des étangs en décomposition, la charrée, la suie, les fumiers fertilisent les prairies d'une manière remarquable; mais le purin et surtout l'urine humaine produisent des effets bien plus grands.

C'est à leur emploi que les Flandres doivent en grande partie la richesse de leur agriculture. Nous ne saurions trop le répéter, l'urine humaine a une valeur fertilisante 20 fois plus grande que celle des fumiers de vaches. A l'aide d'une petite quantité de couperose verte, on la désinfecte aisément; mélangée avec 4 fois son volume d'eau, elle produit toujours des résultats merveilleux. Disons en passant que les cultures potagères s'en trouvent aussi fort bien. On la répand à la fin de l'hiver à l'aide de barriques percées de petits trous à la dose de 300 hectolitres par hectare. Sous l'influence de ces engrais disparaissent le jonc et les mousses. Le premier croît dans les parties humides et l'autre dans les parties sèches. Si la mousse résiste, il n'y a pas d'autre parti à prendre que de labourer la prairie et d'y cultiver des choux ou des pommes de terre puis une céréale et de la remettre de nouveau en prairie.

Les prairies sont l'âme d'une ferme. Elles donnent en abondance fourrages et fumiers, deux sources de richesse ; mais pour les rendre bonnes, le choix des graines et l'engrais ne suffisent pas ; il faut encore un arrosage convenable. Le proverbe dit : un d'eau et un de chaleur font quatre.

Faites profiter vos herbages des eaux de pluie qui traversent des champs. Si vous ne pouvez avoir de l'eau que l'hiver, il serait bon de la recueillir dans un réservoir placé au-dessus des prairies pour vous en servir au temps convenable. M. Vianne indique le procédé suivant.

On trace des rigoles plus ou moins rapprochées, selon que le terrain a plus ou moins de pente ; elles sont à la distance de 4 à 8 mètres. Ces petits canaux doivent être placés en travers de la pente ; on les fait de 20 à 23 centimètres de largeur, et peu profond; trois ou quatre doigts suffisent.

S'il y a des contre-pentes, ces rigoles sont garnies de petites bandes de terre pour arrêter l'eau, afin de lui donner le temps de pénétrer partout. Ces bandes sont à dessein engazonnées comme le reste de la prairie; on les tient percées contre le fond de la rigole. Le trou est plus ou moins grand, selon la quantité d'eau dont on peut disposer; il se bouche avec un morceau de bois à long manche, qui sert de bonde. Rien n'est plus facile et plus prompt que d'ouvrir et de fermer ces petites chaussées. L'eau est conduite dans les rigoles d'arrosement par un canal qui, partant du réservoir placé dans le haut de la prairie, descend jusqu'au bas. Elle est arrêtée à chaque rigole par une bande de gazon semblable à celle dont je viens de vous parler et qui est également percée. Lorsque la partie haute du pré est convenablement arroser, on ouvre la première en amont du canal; l'eau descend à la seconde rigole, puis à la troisième, et ainsi de suite.

Questionnaire.

Combien distingue-t-on en France de sortes prairies naturelles ? — Désignez-les ? — Quels sont les terrains qui donnent, en général, les meilleures qualités de fourrages ? — De quoi dépend en grande partie la qualité d'une prairie permanente ? — Quels soins exige le choix de la semence ? — Comment se fait le semis ? — Quelle est l'importance des prairies dans une exploitation agricole ? — Comment entretient-on les prairies ? — Comment peut-on arroser les prairies.

Prairies artificielles

On nomme ainsi des prairies ensemencées de plantes destinées, soit à être données en vert aux bestiaux, soit à être conservées comme fourrages secs pour l'hiver.

Les plantes que l'on emploie le plus souvent pour composer les prairies artificielles sont : le trèfle, la luzerne, le sainfoin, la vesce et la lupuline.

Trèfle.

Par l'abondance et la bonne qualité de son fourrage, par l'excellente préparation qu'il donne pour la culture des céréales, le trèfle occupe le 1er rang, parmi les fourrages artificiels. Il réussit dans tous les terrains ; néanmoins un sol calcaire lui convient mieux que tout autre, dans le midi les semailles du trèfle se font à l'automne ; Dans le nord on le sème au printemps, soit dans le blé mis en terre à l'automne, soit dans les céréales de printemps.

Dans les terres peu fertiles, la dose de semence est de 20 Kilogrammes à l'hectare.

Dans les sols fertiles, elle varie de 10 à 12 Kilogrammes.

Les engrais liquides répandus avant ou après chaque coupe impriment au trèfle une grande vigueur ; mais l'amendement par excellence, c'est le plâtre.

Répandu en poudre par un temps calme et humide en Mars ou en Avril, le plâtre produit sur le trèfle des effets merveilleux. La dose est de trois à quatre hectolitres nir tinctoria.

Il en existe un très grand nombre de variétés.

Les deux plus importantes sont le trèfle des prés et le trèfle incarnat.

Trèfle incarnat.

Le trèfle incarnat ou farouche se sème en automne à la même époque que le trèfle des prés and donne un fourrage très abondant pour le printemps. Il ne fournit, au contraire, qu'une coupe; mais il est très avantageux à faire consommer à l'état frais au sortir de l'hivernage.

On peut, après cette coupe, planter des pommes de terre, des betteraves ou des haricots.

Le trèfle incarnat présente cet avantage qu'il n'occupe les terres que pendant le temps où, en général, on les laisse vides de tout ensemencement, depuis la récolte d'automne jusqu'aux semailles du printemps. En l'intercalant entre deux récoltes, le cultivateur en retire un bénéfice considérable, puisque sans déranger l'assolement, il trouve le moyen de fournir à ses bestiaux une nourriture saine et abondante dans le temps où les fourrages sont le plus rares.

Quand on veut faire du foin de trèfle incarnat, on doit le faucher aussitôt qu'il commence à fleurir.

On doit éviter de le faire manger en grande quantité à l'état frais, mais en sec les animaux peuvent impunément en consommer; il leur donne de l'embonpoint, il augmente le lait des vaches et lui donne, ainsi qu'au beurre, une saveur très agréable.

Luzerne.

La luzerne est la seule plante légumineuse qui fournisse des prairies de longue durée et donne des produits supérieurs à ceux des prairies naturelles.

Elle demande une terre dont le sous-sol ne retienne pas l'eau. Dans les sols profonds, bien labourés et bien fumés, elle donne de magnifiques récoltes. La racine y acquiert en peu de temps une grosseur considérable et s'y enfonce perpendiculairement à une profondeur assez grande.

On voit des racines de luzerne pénétrer à plus d'un mètre.

Dans les terres où les racines peuvent s'enfoncer ainsi, la luzerne produit un fourrage vert très abondant, même pendant les grandes chaleurs de l'été, quand la surface du sol est trop desséchée pour permettre aux autres fourrages de végéter.

Cette plante fleurit en juillet; quand on la fauche avant la floraison complète, elle donne un fourrage aqueux d'une mince consistance et noircissant promptement.

Faucher en pleine floraison et le plus près possible de terre, par un jour serein; laisser le soleil la dépouiller de son eau de végétation, ne l'entasser au grenier que lorsqu'elle est bien sèche; c'est le triple moyen d'avoir toujours un bon fourrage.

Dans le midi de la France, la luzerne donne annuellement de 5 à 6 coupes. Elle n'en donne que 3 dans les départements du Nord.

Lorsqu'après 8 ou 10 ans on défriche une luzernière, le sol se trouve dans un grand état de fertilité.

Dans le midi, les semailles se font en automne.

Dans le Nord, les semailles de printemps sont préférables.

On sème à la volée à raison de 30 kilogrammes par hectare ; on donne un léger coup de herse, puis on fait passer le rouleau.

La récolte de la graine est une opération importante, parceque cette semence est toujours d'un prix assez élevé.

C'est ordinairement lors de la seconde coupe de la troisième année que se fait la récolte.

Quand on voit les gousses se dessécher et s'entr'ouvrir, on coupe les têtes, on les expose au soleil, puis on les bat avec des fléaux, pour détacher les graines.

Questionnaire.

Quelles sont les plantes qui composent le plus souvent les prairies artificielles ?

Du trèfle — Dans quels terrains réussit-il ? — Comment le cultive-t-on ? — Quel est son rendement ? — Combien y a-t-il de variétés de trèfles ? — Nommer les principales ?

Du trèfle incarnat — Sa culture — Son usage.

De la luzerne — Ses avantages — On

quelle terre cultive-t-on la luzerne ? — Quand la sème-t-on ? — A quelle époque a lieu la récolte ?

Sainfoin.

Comme la luzerne, le sainfoin demande une terre qui ne retienne pas l'eau. Il réussit surtout dans les sols calcaires. Il ne donne ordinairement qu'une coupe ; mais soit en vert, soit en sec, il y a peu de fourrages plus nutritifs, ainsi que toutes les plantes fourragères de longue durée, le sainfoin aime un sol profond, bien engraissé, bien ameubli et bien net.

On le sème, comme la luzerne et comme le trèfle, dans une céréale de printemps ou d'automne à raison de 4 à 5 hectolitres par hectare.

Mais la semence doit être enterrée

plus profondément que les précédentes ; il faut passer plusieurs fois la herse ou biner très profondément.

Le sainfoin se fauche lorsque les fleurs inférieures sont converties en graines.

La coupe ne commence à être avantageuse qu'à la troisième année.

Il est très important de n'employer que les graines de la dernière récolte, car celle qui est plus vieille ne germe pas.

Questionnaire.

Quelle terre doit-on rechercher pour la culture du sainfoin ? — Comment a lieu le semis ? — Quand se fait la récolte

Lupuline.

La lupuline, désignée aussi sous le nom

de trèfle jaune ou de minette dorée est une petite espèce de luzerne qui réussit bien dans les terrains calcaires et secs où le trèfle ne viendrait pas. Il faut pourtant que le sol soit bien fumé pour qu'elle donne un bon rendement. On ne la sème presque jamais isolément à moins que ce ne soit pour en récolter la graine.

Elle accompagne ordinairement une céréale de printemps.

On la sème à raison de 10 à 12 kilogrammes par hectare ; le plâtre produit sur elle un excellent effet.

Elle ne donne qu'une coupe d'un fourrage très substantiel.

Questionnaire.

Quels noms donne-t-on à la Lupuline ? — Quels soins exige la culture de cette plante ? — Comment la cultive-t-on ? — Combien de coupes donne-t-elle ?

Vesces.

Les Vesces réussissent bien dans les terrains où réussit le trèfle. Les sols argileux leur conviennent de préférence à toute autre.

Cette plante a acquis une grande importance par l'usage qu'on en fait comme fourrage vert, surtout quand les trèfles ont manqué.

Il en existe deux variétés : l'une se sème au printemps dans le commencement de Mai ; l'autre se sème à l'automne.

Un labour moyen suffit, et si une bonne fumure l'accompagne, on est sûr d'une végétation vigoureuse.

Les semailles d'automne produisent beaucoup et procurent pour l'été une nourriture abondante.

On sème à la volée à raison de deux hectolitres par hectare. On remplace ordinairement le quart de cette quantité par autant d'orge ou d'avoine dans les tiges servent de tuteurs aux vesces.

Si elles doivent être consommées en vert, on les fauche quand elles sont en fleur; si on veut les convertir en fourrage, on attend que les graines soient mûres.

Les graines conservent pendant plusieurs années leur faculté germinatrice.

Il est une espèce de pois dont la culture ressemble exactement à celle de la vesce et qui, comme cette dernière, est consommé en vert ou en sec. Ce pois est connu sous le nom de bisaille; il se sème à raison de deux hectolitres par hectare et se fauche en fleur ou en graine.

Questionnaire.

Dans quels terrains réussissent les vesces? — Combien en existe-t-il de variétés? — Quelle préparation doit subir le sol? — Comment se sèment, se cultivent et se récoltent les vesces ? — Qu'appelle-t-on bisaille ?

Mûrier.

On en distingue deux espèces principales : le mûrier noir et le mûrier blanc.

Le mûrier noir, originaire de la Perse, est naturalisé dans les provinces méridionales de l'Europe et cultivé en France. Il produit des fruits de couleur noire.

Les mûres sont rafraîchissantes et astringentes. On en prépare un sirop qui est employé avec succès en gargarisme dans les inflammations de la gorge.

Mais le mûrier blanc est d'un emploi économique quand il s'agit de l'éducation des vers à soie. Il s'est parfaitement acclimaté dans toutes nos contrées et a résisté aux plus rudes hivers.

Il aime les terrains légers et craint les lieux humides. Les racines se [illegible] et se qui se produisent en abondance, nouveaux, [illegible] prises d'une grande beauté.

Le semis est la meilleure manière d'obtenir des sujets vigoureux ou de belle venue. Les graines doivent être choisies sur des sujets parfaitement sains qui n'ont pas été dépouillés de leur feuillage dans le cours de l'année.

Jusqu'au printemps la graine se conserve dans des sacs bien secs. On sème alors un peu épais, et si le sol est trop sec, on répand dessus de la cendre, de la sciure ou du fumier consommé.

Au midi de la France on procède en Février; au centre et au nord à la fin d'avril.

Quand on veut planter des mûriers de 2 ans, on défonce le terrain sur deux lignes, à 4 mètres en tous sens, à la profondeur de 70 centimètres. On étend les racines sur de la bonne terre, bien ameublie avec un peu de fumier consommé et l'on recouvre de terre en formant une petite monticule. On serre le tronc d'une motte de paille pour empêcher les mouches de s'y fixer et pour abriter les plants de l'ardeur du soleil.

On a longtemps cherché à remplacer les feuilles du mûrier. On a essayé les végétaux qui offrent avec lui des analogies dans les feuilles ou la végétation, on n'a pas réussi. Les feuilles de l'ortie, du figuier, du houblon, du châtaignier, ne sont nullement profitables aux vers à soie. On a essayé la laitue, mais en vain. La feuille de la ronce commune peut soutenir le ver jusqu'à la seconde mue; mais elle ne lui fait pas produire ce qui est nécessaire à la formation du cocon.

Outre les propriétés de ses feuilles, le mûrier en offre plusieurs autres importantes. Il figure très bien dans les jardins. Son feuillage convient à tous les bestiaux. Le fruit engraisse promptement la volaille. Le bois convient à la fabrication des tonneaux et donne aux vins blancs un goût agréable. Enfin ses fibres corticales, soumises au rouissage dans une eau courante pendant six semaines, donnent une filasse de très bonne qualité.

Questionnaire.

Qu'est-ce que le mûrier ? — Combien en distingue-t-on d'espèces principales ? — D'où vient le mûrier noir ? — A quoi sert le sirop fabriqué avec les mûres ? — Qu'est-ce que le mûrier blanc ? — Dans quelles terres réussit-il le mieux ? — Comment le cultive-t-on ? — Quels soins exige la culture du mûrier ? — Quels sont les usages du mûrier ?

Vers à Soie.

De tous les insectes dont nous [illegible] il n'en existe aucun de plus intéressant pour nous au point de l'application [illegible] quand l'on en a faite, dès les temps les plus reculés, dans le but de produire une matière à la fabrication des vêtements.

Les Romains tiraient la soie de l'Orient. Les Arabes en répandirent la culture en Espagne et sur les côtes de l'Afrique. A l'époque des croisades, on commença à l'introduire en France ; mais ce ne fut que sous le règne de Henri IV et par les soins de Sully que cette industrie prit une extension remarquable.

Le bâtiment destiné aux vers à soie doit être percé de fenêtres à toutes les expositions, de manière à pouvoir obtenir des courants d'air à volonté ; il doit y régner constamment une température de vingt degrés.

Ordinairement on la divise en trois parties.

Une pièce principale où l'on fait éclore les vers.

Une pièce plus petite où l'on porte ceux qui sont malades; on l'appelle infirmerie.

Une troisième où l'on dispose les feuilles.

Autour de la première pièce sont rangées des tablettes sur lesquelles sont disposées les claies qui reçoivent les animaux.

Quand ce local est prêt, il faut savoir combien on pourra récolter de feuilles par jour, afin de déterminer la quantité d'œufs que l'on doit faire éclore.

On fait éclore les œufs quand il n'y a plus de gelée à craindre et que les vers peuvent trouver des [illegible] sans interruption.

Pour faire éclore les oeufs, on les soumet dans l'infirmerie à une température que l'on augmente progressivement.

Ou bien, les femmes les portent dans leur sein jour et nuit où la chaleur de leur corps produit les mêmes résultats.

Une fois éclos, les vers sont élevés dans l'infirmerie pendant le premier âge, ensuite on les porte dans l'atelier. Ils exigent beaucoup de soins et de propreté. Quand on leur donne à manger plusieurs fois par jour, on change les anciennes feuilles le plus souvent possible. Pour cela, dès qu'ils sont montés sur les nouvelles feuilles, on place ces feuilles sur une claie et on retire les anciennes.

Dès que les vers paraissent

cinquantaine, il faut les transporter à l'infirmerie, car les maladies qui les attaquent sont souvent contagieuses.

Les vers changent quatre fois de peau. Ces changements accomplis, on donne aux chenilles le moyen de faire facilement leur cocon.

A cet effet, on dispose sur les tablettes de petits rameaux dépouillés de leurs feuilles.

Les vers y montent et fabriquent leurs cocons.

Au bout de quelques jours, les cocons sont détachés. On met à part ceux que l'on veut laisser éclore pour la reproduction de l'espèce. Les autres sont jetés dans de l'eau bouillante qui fait périr les chrysalides.

On dévide alors la soie qui

livrée au commerce.

Au bout d'une quinzaine de jours, les chrysalides se transforment en papillons. On les dépose sur une table couverte d'étoffe, et la femelle y pond ses oeufs qui sont conservés pour une nouvelle saison.

La soie écrue est ordinairement jaune, elle a besoin d'être blanchie par une opération connue sous le nom de décreusage, qui consiste à lui enlever de la cire, de la matière colorante et de la gomme, au moyen d'agents chimiques.

Il y a une variété de soie, naturellement blanche, dont la qualité est bien supérieure à la jaune, parce qu'elle n'a pas besoin d'être soumise au décreusage, opération qui diminue nécessairement la force de la soie.

Questionnaire.

Questionnaire.

Qu'est-ce que le ver à soie ? — A quelle époque fut-il introduit en France ? — Quelles conditions doivent remplir les bâtiments où l'on élève le ver à soie ? — Comment divise-t-on ordinairement ces bâtiments ? — Comment fait-on éclore les œufs ? — Quels soins exigent l'éducation et la conservation des vers à soie ? — Quelles transformations successives subit le ver à soie ? — Qu'est-ce que la soie blanche ? — La soie écrue ? — Qu'appelle-t-on décreusage ?

Abeilles

Un grand savant, [illegible], a dit :

Chaque été, nos campagnes sont couvertes de fleurs pleines de miel et de cire ; [illegible] d'abeilles, qui seules [illegible] cette récolte.

Les abeilles sont une branche de l'économie rurale d'autant plus précieuse qu'elle est à la portée des plus pauvres habitants des campagnes. Elle ne demande ni semence, ni labours, ni engrais. C'est donc à grand tort qu'il est [illegible] vrai de dire que l'on recueille sans semer

Une ruche contient une reine, des ouvrières et des mâles.

La reine pond de quarante à soixante mille œufs dans l'année. Elle ne sort jamais de la ruche; sa nourriture lui est fournie par les ouvrières qui ne cessent de l'entourer des soins les plus minutieux. Parmi les ouvrières les unes sont particulièrement chargées de recueillir les aliments et d'apporter les matériaux, les autres de travailler les édifices et de soigner les larves.

Une ruche de trente centimètres de côté sur quarante centimètres de haut peut contenir vingt kilogrammes de miel. Le poids de la cire est ordinairement la vingtième partie du poids du miel.

En prenant 0f.60c comme plus bas prix on obtiendra.

20 Kilogrammes de miel à 0f.60c . . . . 12 fr.

1 Kilogramme de cire . . . . 4.

Ce qui donne par an 16 fr.

Les dépenses sont à peu près nulles, dix kilogrammes de paille suffisent pour construire une ruche.

Miel et Cire.

Le miel est une substance sucrée que les abeilles préparent en introduisant dans leur estomac le liquide qu'elles recueillent dans les glandes et sur les feuilles de certaines plantes. Elles le déposent ensuite dans les alvéoles de leurs gâteaux.

La manière d'extraire le miel est fort simple. On enlève avec un couteau les petites lames de cire qui ferment les alvéoles et on expose les gâteaux à une douce chaleur. La partie la plus pure du miel s'écoule goutte à goutte: on l'appelle miel vierge. Alors on brise les gâteaux et on les laisse égoutter de nouveau en augmentant la chaleur, puis on soumet à une pression graduée.

Le miel est d'autant meilleur qu'il a fallu moins de pression pour l'extraire.

Le miel vierge n'a pas besoin d'être purifié.

L'autre doit être gardé pendant quelque temps, puis écumé et décanté.

En traitant par l'eau les gâteaux qu'on a pressés, et abandonnant la liqueur à elle-même, on obtient la boisson connue sous le nom d'hydromel.

On renferme le résidu dans des sacs qu'on expose dans des chaudières à l'action de l'eau bouillante.

La cire fond, passe à travers les mailles et se rassemble à la surface du liquide, où elle se fige par le refroidissement. Dans cet état elle est jaune; on la blanchit en l'exposant à la rosée.

Il s'en faut de beaucoup que tous les miels soient de la même qualité. La différence provient surtout des plantes sur lesquelles ont butiné les abeilles.

Les plantes aromatiques en donnent d'excellent.

Le sarrasin en donne de mauvais.

Les miels du Mont Hymette, du Mont Ida, de Cuba sont les plus renommés. Après eux viennent les miels de Narbonne et du Gâtinais.

Au dernier rang viennent les miels de Bretagne; ils ont toujours une couleur d'un rouge brun, une saveur âcre et une odeur désagréable.

Le miel s'emploie fréquemment en médecine ou comme substance alimentaire.

Dissous dans l'eau, il fermente peu à peu et donne lieu à la boisson vineuse qui l'on appelle hydromel. Il entre dans la confection du pain d'épices.

En le traitant par le charbon d'os, on parvient à en faire un sirop qui vaut le meilleur sirop de sucre.

Il reste quelquefois dans les miels une certaine quantité de sucre qui s'y montre sous la forme de petits grains brillants.

La cire pure s'emploie dans la confection des belles bougies et des pièces anatomiques.

Mélangée à l'huile d'olive, elle sert à fabriquer le cérat.

Questionnaire.

Qu'est-ce que les abeilles ? — De quoi se nourrissent-elles ? — Comment est réparti le travail des abeilles ? — Comment se compose une ruche ? — Que produit-elle ? — en miel — en cire — en argent ? — Quelles dépenses occasionne une ruche ? — Qu'est-ce que le miel ? — Comment les abeilles le préparent-elles ? — Comment extrait-on le miel ? — Qu'est-ce que l'hydromel ? — Comment l'obtient-on ? — Qu'est-ce que la cire ? — Comment l'obtient-on ? — Quelles sont les plantes qui donnent le meilleur miel ? — A quoi emploie-t-on le miel ? — la cire ?

Table des Matières.

Fin

Paris, impr. de Paul Dupont, rue de Grenelle-Saint-Honoré, 45

EN VENTE A LA MÊME LIBRAIRIE.

LA SCIENCE DES CAMPAGNES

Collection in-18 raisin, illustrée de nombreuses gravures,
le vol. 50 cent.; cartonné, 60 cent.

Terres cultivables. Amendements et engrais .... » 60

Défrichements. Irrigations et drainage .... » 60

Instruments agricoles. Labours, semailles, fenaisons, et moissons .... » 60

Plantes alimentaires et Plantes fourragères .... » 60

Plantes industrielles .... » 60

Vignobles et Vergers .... » 60

Vaches laitières. — Bœufs et Animaux d'attelage .... » 60

Porcs, Oiseaux de basse-cour et Lapins .... » 60

Abeilles, Vers à soie et Pisciculture .... » 60

Comptabilité agricole .... » 60

Industries rattachées à l'agriculture .... » 60

Code pratique de l'agriculteur .... » 60

Culture des arbres fruitiers à tout vent .... » 60

L'École et la ferme, ou une lecture par semaine sur les travaux de l'année agricole, par M. Michel Greff......... » 60

Le Catéchisme agricole, par M. Michel Greff............ » 60

La Fermière, ou Notions d'économie domestique rurale, par M. Michel Greff.................................... » 60

La Botanique des Écoles, par M. Pizetta................. » 60

Cette Collection est autorisée pour les BIBLIOTHÈQUES SCOLAIRES. (Circul. du 23 février 1863.)

Paris. Imp. Paul Dupont, rue de Grenelle-Saint-Honoré, 45.

www.ingramcontent.com/pod-product-compliance
Ingram Content Group UK Ltd.
Pitfield, Milton Keynes, MK11 3LW, UK
UKHW021057260726
13994UKWH00002B/556

9 782329 366074